蓝色池塘——私宅水域经典设计

[西] 佩雷·普拉内利斯　帕科·阿森西奥 编著

李舒琪　王付全　李　柯　译

北京城市节奏科技发展有限公司　中文版策划

中国水利水电出版社 知识产权出版社

www.waterpub.com.cn　www.cnipr.com

选题策划：阳　淼　张宝林　E-mail：yangsanshui@vip.sina.com；z_baolin@263.net
责任编辑：阳　淼　张宝林

版权登记号：01-2006-4656

图书在版编目（CIP）数据

　　蓝色池塘：私宅水域经典设计／（西）普拉内利斯，
（西）阿森西奥编著；李舒琪，王付全，李柯译.—北京：
中国水利水电出版社：知识产权出版社，2007
书名原文：Small Pools

　　ISBN 978-7-5084-4542-7

　　Ⅰ.蓝… Ⅱ.①普…②阿…③李…④王…⑤李… Ⅲ.住
宅-理水（园林）-建筑设计 Ⅳ.TU241

　　中国版本图书馆CIP数据核字（2007）第048122号

蓝色池塘——私宅水域经典设计

[西] 佩雷·普拉内利斯　　帕科·阿森西奥 编著
李舒琪　王付全　李 柯　译
北京城市节奏科技发展有限公司　中文版策划

中国水利水电出版社　　出版 发行（北京市西城区三里河路6号：电话：010-68331835 68357319）
知 识 产 权 出 版 社　　　　　　　　北京市海淀区马甸南村1号：电话、传真：010-82000893
北京科水图书销售中心（零售）　电话：（010）88383994、63202643
全国各地新华书店和相关出版物销售网点经销
北京鑫丰华彩印有限公司印刷
889mm×1194mm　20开　9印张　350千字
2007年6月第1版　2007年6月第1次印刷
定价：**69.00**元
ISBN 978-7-5084-4542-7

水 池

　　"Pool"这个词早期曾被用于表示储水池、鱼卵孵化的处所或人们今天所说的游泳池。要了解该词的起源，必须追溯到古罗马时期。古罗马住宅中，"Pool"是指方形蓄水池，即一种收集并储存雨水的池子；在古罗马邻海的城市中，"Pool"是指养鱼池，用于饲养食用鱼；作为蓄水池，"Pool"还是导水系统的一部分；此外，在古罗马城的温泉浴场中，"Pool"是指外形与储水池相似的游泳池。伴随着巴洛克风格的出现，花园池塘在17世纪初已很常见，并一直流行到19世纪。花园池塘最主要的作用体现在审美方面，它为在花园中寻求启发和灵感的漫步者提供视觉和听觉的双重享受。由此可见，"Pool"这个词的用法和含义自古以来一直在慢慢地演变，直到最终被用于表示具有实用功能的水池，无论它是高雅优美、有治疗作用，还是仅供消遣娱乐。然而，在水池的发展历程中一直还存在一种类似的形式，这就是世界上最古老的治疗方法之一——温泉浴场。研究表明，温泉浴场出现于公元前2世纪，现存的最古老的温泉浴场是庞贝古城的斯塔宾浴场(Stabian Baths of Pompeii)。但当中世纪蒙昧主义在欧洲中部出现后，温泉浴场和公共浴池几乎消失。教会明确表示反对沐浴，宣称精神的纯洁远胜于身体的清洁。与此同时，在欧洲其他地区以及伊斯兰与中东的上流社会，一些社交性、卫生保健性和宗教性的浴场却盛行起来。从建筑构造上来说，这些浴场由一个大的中央浴池和拱状的顶棚组成，利用水蒸气加热，周围是用大理石和马赛克装饰的小房间。尽管经历了漫长岁月和盛衰变迁，公共浴池不仅留存了下来，并且变得更加普及，它甚至见之于综合性的运动场所。由于这些浴池可以真正增进生理和心理的健康，本书收录了几种公共浴池的设计作品。在这些设计中，水作为一种健康的源泉，具有举足轻重的作用。

乐园仙境

　　多年以来，水池，作为建筑的组成部分，随着建筑的发展趋势不断演变，但直到20世纪中期，新材料和新技术的不断涌现才使人们真正摆脱束缚，可以自由地支配无尽的想象力，创作、筹划并塑造出了与他们切身相关的环境。本书收录的形式多样的此类设计作品，都体现出了对生态失衡与日俱增的关注，这也体现出对与水池和谐结合为一体的自然空间的格外关注，这些设计作品与环境完美融合，成为了自然丰富美景的一部分。

　　这些体现人类创造力的水池，有的能让人领略到宽阔无际的碧水从悬崖绝壁倾泻而下；有的将古老的采石场岩裙石龛改造为一个有池塘的奢华花园，给人以空间无限延伸的视觉效果；还有的能让人重新领略古老的东方文化和风俗。材料、肌理、造型、色彩逐渐与文化和社会体系融为一体，引人入胜。建筑和情感的交融，体现了人类追求完美的天性。

范妮·塔加维（Fanny Tagavi）

坐落于小块田地与果园之间的这个泳池，位于西班牙马略卡岛的帕尔马（Palma）。它由一排排岩石围筑而成，漫长的时光在岩石表面留下铜绿色的印迹。三级神秘的台阶引导着观者进入这个泳池的透明水世界。

这个泳池构思巧妙，精心设计的绿地和与之形成鲜明对比的旱地分别从侧面包围着这池清水。

这件设计作品明智地运用了乡村住宅的元素，使其在视觉上适应不同层次的空间，从某种意义上说，它更趋近于一幅三维立体图画。来自乡居的古老的岩石将主要空间分割为三个区域：泳池、古老的水车以及高处的日光浴场。

老旧的"Z"字形挡土墙形成泳池旁的小路，并为泳池提供了屏障。水池最初仅用于蓄水，以灌溉田地。从另一个视角望去，低矮而整齐的果树一直延伸至池边，与之相伴的是那个小水车的遗迹，仿佛是沉思默想的雕塑，无声地见证着历史的变迁。

往日重现

位置：**西班牙，马略卡岛**
水面面积：**129ft^2（11.98m^2）**

泳池和古老的水车两个区域的全景组成了该设计的主要部分。从另一个视角望去，可以看到一片青涩的果园。

蓄水池变成了泳池，四周有茂密迷人的果林环绕。

这个古老的蓄水池经过翻新改造成了泳池，与这所住宅原结构完美地结合在一起，掩蔽于已经有200年历史的围墙之下。池中诱人的碧水以及泛着赭石光泽的古朴围墙散发着迷人的魅力，而围墙又像是整座泳池构造的起点。

整齐砂岩的选用，使泳池的外形与周边景致融为一体，砂的色泽弥补了材料其他方面的不足。水池一端的拥壁同样覆满砂岩，可以作为不太正规的跳板或是日光浴场所。在其背后草木葱郁，植被繁茂，一所石砌客房掩映其中，隐约可见。

泳池的两端有着截然不同的美丽景致：一端是色彩浓郁、自由生长的植被，另一端则精准简朴得如同修道院回廊。一条高低起伏的小路将这两个景致不同的世界连在了一起，小路平行于水池笔直地延伸，将一片果林和草坪分于两边。

在小路的尽头，顺阶而下可以看到一眼清凉的泉水，水质晶莹剔透，泉声叮咚悦耳。这一切都展现出大自然美丽而朴素的力量，令人心旷神怡。

两个世界之间

位置：意大利，托斯卡纳区
水面面积：161ft^2（14.96m^2）

这道有着200年历史的古老围墙守护着砂岩砌成的矩形水池。另一侧，一堵矮小的拥壁充当了跳板的角色。

水池内壁涂刷了绿色的涂料，使池水呈现出华丽的绿宝石色，这更衬托出了作为水池屏障的古老围墙明亮的赭石光泽。

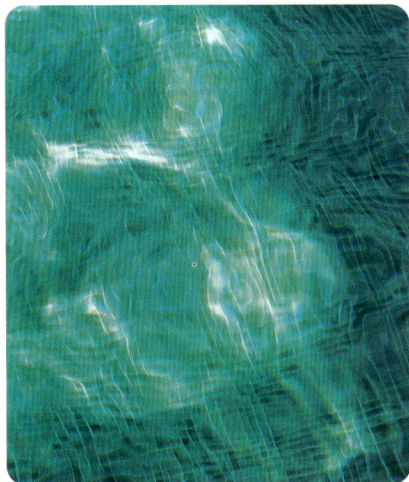

一座石砌客房掩映于自由生长、色彩绚丽的植物之中。

一条高低起伏的小路，平行于水池笔直地延伸，将一片果林和草坪分于两边。

溪流在石间蜿蜒，阳光照射在水面上，蚱蜢嗡嗡轻唱，一切都充满了乡村的气息。光滑的斜坡掩蔽着一道道矮石墙，这些石墙曾经用于传统农业中的梯田。在斜坡脚下，如同在河床之上，池中一泓翠绿清水静静流淌，水池有着人工雕刻的线条和粗犷的外形。

这一设计将建筑作品和自然景致完美地结合在一起，水池的四周完全没有人工雕饰，从而保留了土壤和岩石天然的特质，与池水的流光溢彩形成强烈的对比。为了符合这一设计主旨，水池周围的土地被清理干净，一条简洁宽阔的石径环绕在水池外缘。

池边岩石岸上有一个小平台，强化了水的流动感，并被用作休息区和天然跳板。一口提供清水的小井被完全刷成白色，十分醒目。山坡作为水池的非正式入口，一部分台阶延伸至水下，在水波的衬托下显得特别坚固。

在这个光线充足而充满对比的地方，保持景观的原有风貌而不加改变是设计中考虑的首要问题，并且其设计环境还应保持自身特色而不过分牺牲现代文明不凡的优势。

石间溪流

位置：**西班牙，伊维萨岛**
水面面积：**269ft^2（24.99m^2）**

泳池的创意体现在它将崎岖的地形天衣无缝地融入了整个设计中。建筑设计与自然景致完美结合，不着痕迹的设计使泳池看上去仿佛天成。从一口提供清水的白色小井可以俯瞰整个设计。

翠绿的水波与赭石色的岩石形成明显的对比，强化了河末水波荡漾的感觉。而且，在水下砌筑石阶可以使池水在整个夏日都保持清凉。

这个矩形水池位于两道长长的干砌石隔墙之间，周围环绕着柔软的草坪，茂密得宛如地毯。设计的主要目的是为了弥补原先建筑用地存在的不足：地形狭窄并被高矮不一的墙体包围。已有的那些不太高的围墙，限制了建筑用地的延伸，也阻挡了视线。因此，这种过于狭长的地形需要校正，并在较短的两侧营造一些小的区域以达到平衡。

为了打破过多直线条的单调性并且增加空间感，原来的主墙被用作茂密植物的支架。这些植物爬满墙面，像一道天然的绿色瀑布。它们主要由繁茂的九重葛（一种原产南美、开小花的热带灌木）和其他几种常见的植物组成。绿色植物的存在使粗糙的石墙变得柔和，并把这块区域隔离出来，确保环境的幽静与私密。

经过修饰的石灰石护岸围起了这片静开阔的水面，其中设计巧妙的溢水槽以将水重新导入水池，以保护草坪不被淹没。

水池位于通向开阔地入口处的一端建成了一个非正式的走廊，一直沿着后延伸。一个独特的遮阳篷使这块矩形用与整体空间完美融合，令人舒适愉快。水池的另一端，三级台阶打断了分隔墙同时又使两侧的墙相连。这种仅以石头基本建筑材料的设计方式使人们可以在个布局协调的地方进行日光浴。几个风统一的热带木制躺椅摆设其中，为整个境增添了一抹色彩。

乡村情调

位置：希腊，桑托林岛
水面面积：258ft^2（23.97m^2）

赭石色遮阳篷位于开阔地的入口处，这里是一个令人愉快的角落，它沿着后墙延伸，形成非正式的走廊，与整个区域一样，覆盖着同样柔软的草坪。

这个泳池位于一个狭长的地块上，四周是高矮不一的墙体，茂密的植物爬满墙面像一道天然的绿色瀑布，打破了过多直线条的单调性增加了空间感。

这个方案的设计特点是泳池所处的位置和极好的朝向布局。这片平静的池水好像在与外界环境呢喃私语，显得格外和谐。整体效果就像是一面无边的明镜位于天地之间。

让泳池周边的空间负荷过多，而更愿意让壮丽的自然环境充当主角。

这是一个形状不规则的泳池，岸边点缀着半岛形的乱石，仿佛一个宁静的天然湖泊——一个可以从中感受到平和而原始的宁静的地方。泳池一角，一棵大树映入眼帘，使这个角落完全融于自然景观之中。扭曲的树干印刻着时光流逝的痕迹，古树静默地伫立着，其位置的设计充满了禅宗的思想。出于这方面的考虑，设计者不想

类型相同的岩石被堆成半岛的样子，成宽大泳池的池岸，突显了自然完整的感觉，避免了池岸的单一化和公式化。泳池并未打破原有景致的协调，而是成为了它的延续。因此，设计者选择了与环境和谐统一的材料来修建泳池。池岸与水池表面在同一水平线上，强化了视觉的连贯性，各个方面都与景色壮观的天性吻合得天衣无缝

天地间的明镜

位置：西班牙，马略卡岛
水面面积：430ft^2（39.95m^2）

将泳池自然地融入周围景色的关键在于使其与环绕四周不同区域的材质和谐统一。

古树扭曲的树干印刻着时光流逝的痕迹。它的位置在整个设计中具有重要意义，使它逐渐融于自然环境。它迫使游人停下匆匆的脚步得以思考，这符合了禅宗的思想。

石头堆成的小半岛，以及周围环境所用材料的统一，使这个泳池给人以天然湖泊的感觉。

从这个角度看过去，池水宛如一面静止的明镜，展现出美丽迷人的景象。

　　小水池位于充满异国情调的摩洛哥家庭小院中，这个浅水池设计是马赛克依旧在摩洛哥盛行的一个例子。

传统的灵感

　　精工细作的、泛着宝石绿光泽的饰面由于反射阳光而显出眩目的色彩，它环绕整个水池营造出一圈绚丽的光环。一层柔和的橙红色光泽笼罩着整个建筑构造，在水池与各个侧面之间形成一条彩色的分界线，烘托出摩洛哥式铺地瓷砖和两把华美精致的木椅。这两把木椅仿佛是水池的统帅，庄重气派犹如宗教仪式上的雕刻品。

　　在更高的位置上，用与水池颜色相同的瓷砖贴面的台阶通向一个小露台，这个露台的立面有三个拱窗，铁制和木制的家具装点出一个雅致简洁而又较隐蔽的进餐区。

　　这个空间布置得富有活力而又私密，可供主人小憩，它运用了大量摩洛哥风格的传统装饰元素，即使是简单的边缘也装饰着复杂的几何图案而显得醒目。色彩与纹理融汇在一起，组成了一个独特而富美感的令人愉悦的空间。

位置：马拉喀什，Douar Abiat
水面面积：108ft^2（10.03m^2）

精工细作的、泛着宝石绿光泽的饰面由于反射阳光而显出眩目的色彩，它环绕整个水池营造出一圈绚丽的光环。

水池一侧有一个铺满了摩洛哥式铺地瓷砖的嵌入式空间，放置了两把华美精致的木椅，它们仿佛是水池的统帅，庄重气派犹如宗教仪式上的雕刻品。

这是一个清凉安静的港湾，仿佛贫瘠土地上的一个小小的绿洲。水面平整如镜的线性泳池、露台和两座一层高的主体建筑，这三大部分之间的完美结合达到了几何平衡。一堵修缮一新的半高石墙将两座建筑连在一起，同时，围绕并界定出整个庄园。此外，粗糙石墙特殊的颜色和独特的质感在水池区域和周边环境之间划出一条分界线。

从这条分界线的任意一点远眺，庄园与周围土地都在同一个水平高度上。这样设计意图突出环绕着碧蓝池水的人工绿地与毗邻的天然旱地之间强烈的对比。

和谐均匀的色彩以及建造庄园和水池的相似材料产生了一种连绵不断的感觉，石头和砂子的颜色形成了整个庄园的基础色调，蓝色的池水和绿色的草地在其中格外醒目。

两棵棕榈树是纵向唯一的元素，它们耸立在两栋建筑物之间，像水池的统帅，削弱了天空原本过于浩淼空旷的感觉。这两棵棕榈树拔地而起、呼之欲出，像路标一样挺立在沙漠绿洲中。

颜色对比

位置：西班牙，马略卡岛
水面面积：516ft^2（47.94m^2）

水池中的长椅，从池子一端延伸至另一端。

门廊面向水池，其所在位置原来是一座谷仓。门廊与水池在同一水平面上，是其中一栋建筑的休息区。紧挨着沙发的是野餐烧烤区。

水池四周由天然砂石砌成，颜色与周边的围墙相同。水池与生俱来的直线条优势强化了色彩对比，同时使池水成了一面流动的镜子，色调与环境配合得丝丝入扣，令人感觉和谐而完美。

木制躺椅是这里唯一的装饰品，它的简练风格突出了坐垫的洁白色泽。

这个华丽多彩的水池建造得十分精致，它被茂密的树林环绕着，完美地融汇于环境之中，在自然景观中并不显得突兀。吸引人的阶梯状入口引导游客轻松地进入水池，既可以享受水疗的快乐，又可以坐在水中宽大的长凳上尽情欣赏四周的美景。

水池色泽鲜艳，显得明亮又欢快，两道陶土砖镶成的装饰带上是复杂的几何图形。这些都是手工艺在马拉喀什——水池的所在地——依然盛行的证明。铺着精美的玻璃马赛克的小水渠嵌在两条装饰带之间，水池内外都装饰着各式各样的几何图形，装饰的丰富性是这个国家几个世纪以来的特色。

在水池的一端，6[1]个小喷头整齐地列在地平面上，直接与池子顶部相连，此组成的独特的喷泉是这个设计方案必可少的组成部分。

细节、声音、色彩、纹理在这里融合营造出属于它们的世界，体现出历经千的古代建筑文化的力量与个性。

草地上，两个现代款式的白色蝶状在浓密的树阴下招唤人们专注地欣赏这神奇和不可思议的地方。

❶ 原书图中有10个喷头，存疑。——中文版注

水的诠释

位置：摩洛哥，马拉喀什
水面面积：430ft^2（39.95m^2）

地平面上的喷头镶进了池岸。经过特殊处理的陶瓷地砖在水中清晰可见，将喷泉区与水池区分开来。

在喷泉背后的草甸上，放置了一尊黏土烧制的陶罐，依稀带有古迹的味道。厚厚的绿色草坪环绕着整个水池，一直蔓延到池边。

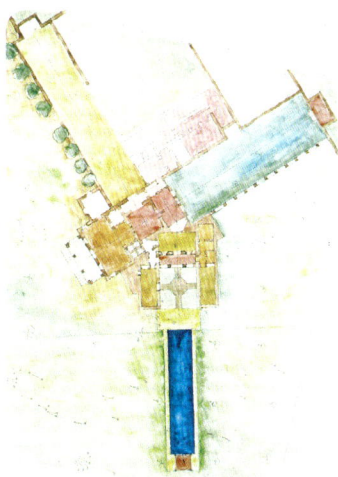

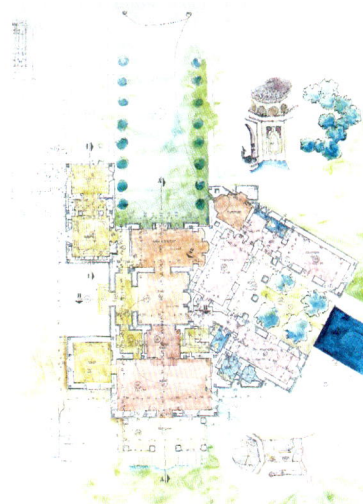

这是景观建筑师最初为该项目设计的两张图稿。

两道镶成几何图案的陶土砖装饰带是这个国家的传统特色。

游人可以从这个阶梯形入口进入水中，并坐在水下长凳上欣赏美丽的风景。

灵感来自于凡尔赛，这个泳池效仿了法国皇家园林中茂盛花园的引人联想的形状。然而，它也有自己的显著特点：一条充满创意的水渠环绕着一个孤岛，岛上象征性地种植着6棵橄榄树。因为较低处有一个小池塘与之相连，这里水流循环不息，始终保持泳池的洁净。落差形成的小瀑布悬挂在挡土墙上，水流声让人放松。到了晚上，这个充当非正式门廊的凉亭就成了迷人的就餐区，在这里可以畅饮或愉快地聊天。

水池十分匀称，两个半圆弧打破了直线的僵直。一个半圆构成了小岛，另一个与之相对，含有水下的台阶，若隐若现。

在高低两处的花园，面积广阔，给严谨庄重的感觉。那些橄榄树和棕榈树情舒展着它们充满异国情调的枝叶，成果园的亮点。

整个设计与环境浑然一体。精炼得乎纯净的风格，突出了池子及景观本身一条中轴线，形成许多不同的景致，如，凉亭立柱框起的景物就是一幅优美风景画。这真是视觉上相当完美的作品。

水的永恒循环

位置：西班牙，马略卡岛
水面面积：484ft^2（44.96m^2）

从这个角度可以看到两个主要景观平面，水流将两者连在一起。九重葛点缀着这个茂密的花园，赋于它柔和温暖的色调。

这个凉亭是一个安静清凉的好地方，支撑它的几根柱子用天然石块砌成，这种可以防滑的石材也用来砌筑水池堤岸。

图稿：花园和水域。

从正面看，橄榄树与水池及其他景物非常和谐，环绕着整个绿岛的富有创意的水渠将这一切串联在一起。无论从哪个角度望去，树木与风景都十分连贯，相得益彰。

人们可以沿着这5级宽大的台阶步入水池。不远处低矮的天然石墙将水池与居住区分隔开来。右图是乡村沐浴区的细部特写，它隐身在本土的树木枝叶间。

高高低低的墙体围绕着水池与房屋，形成层次感，同时将周围的景物分隔成若干个区域。各个空间相对独立又相互开放，增强了自然美景的可观赏性。

在马拉喀什一片壮观的棕榈树丛中，可以看到一栋轮廓独特的住宅掩映其间。高大的土黄色围墙保护这一片风景和主体建筑免受阳光暴晒。庭院中的小天井是整栋建筑的中心，所有的景物都由此向外延伸，这是当地的传统建筑形式。

棕榈树阴下

从这个视觉中心向四周看去，这栋住宅和周边景观都展现出一种韵律感，使间断的空间呈现出完美的连贯性。这种美在各个角落都能被体会到，令人赞叹。

水池周围是色彩缤纷的花园，种满了

棕榈树、丝兰、爬墙虎、香草树以及各种□树。这些植物共同构成了一个特殊的小气□环境，即使在炎炎夏日也比外面凉爽许多□花园内铺满了柔嫩的草坪，一直延伸到池边□

花园对面，水池与围墙之间有一条□色马赛克铺就的狭长小路，与草地的色□十分统一。精致的几何图案边界线色调□雅，是整个绿色世界中唯一一抹亮色，□饰着水池堤岸和内壁上沿。

位置：马拉喀什，Douar Abiat
水面面积：108ft^2（10.03m^2）

这道有着优雅色调的几何图案边界线是环境中唯一的亮点，装饰着水池堤岸和内壁上沿。

水池被花园围绕着，花
园内种满了当地植物，
营造出一个小气候环
境，凉爽宜人。

一扇典型的马拉喀什风格木门，布满装饰的门钉，表面刷成了柔和的绿松石色，它将主体建筑与休闲区连在了一起。

这个独特的水池是那样优雅简洁，似乎抓住了时间的脚步，时光为它而停顿，沉醉流连在美景之中，池边的每块石头上都留下了光阴驻足的印迹。精心布置的花园使石头的色调变得柔和，突出了两个水平面，人类和时光留下的永恒痕迹将石面磨光并使之褪了色。

石上留痕

精致的铁艺栅栏环绕着水池，在树丛中时隐时现。水池由不同的两个区域构成，其中由一条石渠连接。高处是一个古老的蓄水池，与低处的主体水面由一条老旧的水渠相连。

一个繁茂的藤架与浓密的树篱相连，标志出环境的中心位置，在视觉上将整个区域分成两个空间。藤架中间有一眼宁静的喷泉，仿佛从地心喷出，悄无声息地涌，永不枯竭。泉眼被一个漂亮的石砌圆环包围，这个圆环精确地处于上下两个区域的中心线上。喷泉池的设计如同一个暑，与环绕其周围的藤架共同构成了美的几何图形。

为了强化设计感，地面上几乎铺满深浅不一的鹅卵石，温柔的阳光轻抚着一块卵石，使它们熠熠生辉。

位置：法国，Mollégés
水面面积：322ft^2（29.91m^2）

这是连接两个水域的中心喷泉的局部效果。整个区域铺满了深浅不一的鹅卵石。

在主体水池的排水口，一堆河卵石被随意地堆放着，像天然的过滤器，阻挡树叶或其他杂物。

这个一侧溢流的泳池围护于茂密的地中海松林之中，地势比旁边的房屋略低。一条简单的天然石径将水面与芬芳的松树林相连，让人感觉池水像是从树林中突然涌出一样。

石径的尽头是宽阔而光滑的斜坡，让人联想起典型的地中海捕鱼盘。人们可以从这里跃入水中，享受碧蓝池水的清凉。泳池内侧刷成了浅色，这让整个泳池显得十分生动活泼。这是一种简单的处理手法，借助浅色与自然的绿色的对比，获得明亮多彩的效果。

池岸线和柔和的转角由奶油色人工石材装饰而成，泳池边角圆润，与房屋庄重硬朗的建筑线条形成对比，产生整体的平衡感。形状不规则的泳池、拔高的地势及溢水线路不仅形成了这个设计的个性特色，由于水面几乎和远处的树梢相平，还形成了有趣的视觉效果。

溢水区既美观又实用：由于池水的流动可以带走松树留下的松针，所以可以很容易地对泳池进行清理维护。

几乎在水平面的位置，有几棵饱经风霜的树，以其颀长纤细的身姿勾勒出泳池的入口，像是欢迎来宾的芦苇。

绿松石的色彩

位置：西班牙，伊维萨岛
水面面积：408ft^2（37.90m^2）

泳池建在房屋脚下，宁静而又色彩饱满。它造型匀称，与房屋的庄重硬朗的建筑线条形成对比。在左侧的画面中可以看到一条舒缓的坡道，设计灵感来源于典型的地中海捕鱼盘。

图中所示为溢水线路，它与围护其外的松林相融。从另一个角度看去，远处是地平线和蓝色的海洋。

泳池的地势比房屋低，周围是浓密的松树林，仿佛与世隔绝，又令人感到亲切和安全。

这个华美壮丽的花园占地广阔，从庄园的东边一直延伸至西边，设计构思是使其形成一系列独立空间的连续组合，通过不同色调彼此区分，由一条若有若无的直线连在一起。一边是直线型河道，另一边融于草地的绿色，草坪覆盖了花园后部的入口。

四个古典式花园从这栋翻新过的壮观的老房子中心向外延伸，涂有香草的颜色。其中两个各自包含不同用途的水池，一个仅起装饰作用，另一个用作泳池。无论是各个空间的快速转换，还是优美亲切的景观设计以及光学与视觉效果的有机结合，处处都体现出设计者的奇思妙想。

门廊对面原先有一个金属羊棚，现在变成了平静的池塘，它反射着法国普罗旺斯地区温暖的日光，水中倒映着一排挺的法国梧桐树。一溜厚实的圆球由坚硬石头雕成，是完美永恒的象征，它们精均衡地置于古老的基石上，排成一列立水池前。

另一处亮点是典型的伊奥利亚喷泉周围都是植被，水晶般透明的泉水涓涓淌，仿佛和煦的微风轻轻吹动，温婉舒这片水域生存着鱼类、鸭子和青蛙，天绒般光滑柔软的睡莲覆盖于水面之上。条水渠从池塘流出，沿着两边橄榄树和树排成的长线一直延伸，终止于大约26（79.86m）之外的半月形水池，水池周种满了鸢尾花和柳树。

古典神韵

位置：法国，普罗旺斯地区圣雷米
水面面积：129ft^2（11.98m^2）

法国梧桐树位于走廊对面□□可以遮挡阳光，树影倒映□于水中。

虽然被构思为这一连续□□中的独立元素，这些空□□还是由一条长直的水道□□接起来，水道两侧是橄榄树和柏树。

一种颜色——白玉色，单一材料——来自采石场的类黏土石，这两种关键元素，在主体建筑和水域之间充当着桥梁的角色，营造出匀称的建筑效果。实际上，这个水池起始于遮蔽着住宅冬季门廊的围墙一侧，成为住宅合理的延伸。

特征最小化

为了强调两个空间的整体性，这个水池构造于两个最终合而为一的平面上。其中一个平面起始于冬季门廊，那里有三扇像推拉门一样的大窗户敞开着；另外一个平面起始于夏季门廊，那里有通往水池的阶梯。这样，水流不仅环绕着整个休闲区的内部和外部，还形成了一个风格高度简练的宁静、节制而现代的泳池。

无处不在的白色石材，像保护性的斗篷一样环绕着整个庄园，修饰着整栋住宅，并且以其独特的类黏土石质地和柔滑的光亮表面让人眼前一亮。这种石材突出了建筑群的线条感，给环境增添了井然有序的活力。为了保持风格一致，夏季门廊也铺着同样的材料，这样水池就与外部有了一种联系。一张薄薄的网状编织物平挂在柱子上，可以通过精巧的机械装置来操控。它被用作最简洁的天篷，白天拉开可以遮太阳，晚上就是夏季门廊的顶棚。

在这个花园，优美的绿毯一样的草坪衬托出石材的亮泽。在住宅的主入口处有一棵树龄超过50年的迎客松，这是花园里唯一的竖向元素，它的存在突出了整个建筑作品。

位置：美国，佛罗里达州，迈阿密
水面面积：150ft²(13.94m²)

明亮的夏季门廊的对面是水池的入口处，这有一条狭长的阶梯，位于两堵宽矮的墙体之间，这两堵墙充当了阶梯的扶手。这个水池由类黏土石砌成，同一种材料也用于修建房屋，该石材来自一个采石场。

水面上的水平洞口用于为地下车库采光。在它背后，水漫出矮墙，像一个平坦的小瀑布。

这个泳池纯净素雅，几乎像一间修道院，重新让人找回了古罗马公共浴池的感觉。古老的公共浴池因其在社会中的重要作用而闻名于世。但在这里，罗马文明的精美被简朴、严谨的风格所代替，这种风格只有在阳光的轻抚之下才会焕发出光彩。

私密空间

位置：西班牙，伊维萨岛
水面面积：54ft^2（5.02m^2）

泳池作为独立式建筑依附于主体住宅建筑，三堵高而厚实的白色围墙包围着它，为其挡风。从墙头望去，可以看到住宅周围的棕榈树和松树。矩形泳池几乎占据了整个空间，仅仅留出一条窄长的小路兼作装饰和行走之用。

连绵的白色使整个作品显得匀称均衡，泳池内侧应主人的要求涂成了靛青色，更增强了色彩之间的对比。白天，阳光和树影相互交错，为院子增添了体量感与几何感；黄昏，白天积蓄的热量让池水保持温暖。

除了让人身心愉快之外，这个特别的泳池还是一个隐蔽的私密空间，适合沉思冥想。

该设计的直线条呈现出光彩明亮的几何透视效果，例如图中所示的入口处，靛青色的窄条纹勾勒出池水的边界，增添了视觉上的进深感。

泳池入口由两级内置式台阶构成，连续不断的白色使水平面和梯度面都达到了几何上的平衡。

越过一棵古老的长豆角树扭曲的树干，可以看到泳池的不同层次的平面。简朴严谨的风格和两种颜色的使用是使水池匀称均衡的关键因素。

三堵高墙涂有厚重的白色，为泳池挡风。越过墙头可以看到住宅周围的松树和棕榈树的树梢。

白天，阳光和变幻的树影相互交错，给这个色彩对比强烈的空间增添了体量感与几何感。

在一片小面积的灌木丛林边缘，这个外形如同西班牙-阿拉伯式灌渠的水池与环境相融，就像山脉中的平静河流。一眼泉水位于通向水池的两排台阶之间，静静地流淌着。

来自往日的灵感

细语呢喃般的水流声使这片平衡成熟的风景变得完美，当把整个环境作为一个整体来看时，这片风景中的陈迹渐渐消褪。

这一方案的视觉中心是一些雕刻过的低矮石墙，石墙围绕着水池，也可以从上面直接进入水池。除了将水池与花园中郁郁葱葱的树林分隔开之外，石墙的肌理和彩色纹路，以及两个区域之间的平静泉水，以传统方式给这个狭长的水池带来了均衡感。

这种视觉上的处理手法加上有意为□的风景布置，柔化了水池过于平直生硬□线条。实际上，从这个视觉中心一眼望去□看到的是两片柔软的绿色草地，静静地□绕着水池，与水池的匀称硬朗形成对比□附近的植物和绚烂的九重葛覆盖着通向□屋的走廊，它们的另类情调使自然环境□上去井然有序，构成一座独立而且易于□理的花园。

位置：西班牙，马略卡岛
水面面积：408ft^2（37.90m^2）

水池的直线外形让它看起来像一条灌渠，两片斜坡草坪，长满了易于打理的植物，弱化了它的生硬。绚烂美丽的九重葛，作为仅有的鲜艳颜色，为与水池毗邻的走廊增色不少。

在岛上与无边际的地平线相连不仅是一种特权，还是一种对自然美的非凡的赞颂。通过对经过仔细布置的梯度的运用、构成了壮观美景的几何线型以及仅基于蓝色的色调，这幅壮丽的作品在视觉上向海天深处无限延伸。

这个设计的关键点之一在于游泳池的轮廓，带有与海面相平的感觉。为了强化这种效果，泳池内部刷成了白色，强化色彩对比，同时形成白色的几何形边缘，这条边线像是蔚蓝的大海与清澈的池水之间的分界线。

两个门廊线条简洁，采用了特殊材质。

例如水泥，润饰水池并覆盖了整个池壁还有铁，是外部结构的主要支架。这些键元素使泳池与周围环境相融合。事实上这两种建筑材料的运用，使门廊在雄奇观的主背景中呈现出全新的质感，成为丽景色的重要配角，也为独特的建筑群添了个性。

装饰都遵循相同的原则：户外家具满智慧的设计，新颖的材料运用，使其有与众不同的特色。

神奇的布置

位置：西班牙，伊维萨岛
水面面积：322ft^2（29.91m^2）

泳池的"Z"字形外观将池水分成两个区域，外边线向海湾壮观地延伸。从门廊望去，拜难以察觉的梯度所赐，碧蓝的池水看起来像是与浩瀚无际的地中海融为了一体。

带有现代风格的新颖材料和家具用于户外的装饰。

临近黄昏，色彩开始交汇融合，质感也变得柔和。建筑群呈现出安详的气息，与环境是那么完美和谐，但更美的还是远处的风景。

随着光线的变化，池水的颜色逐渐与大海融为一体。水面上不同的波纹此起彼伏呈现出许多令人难以置信的美好瞬间，使人心旷神怡仿佛一个引人入胜的万花筒

这片新颖而独特的水域位于一个古老的修缮过的墨西哥农场内，拥有多重视觉透视效果。它处于住宅的露天天井内，被设计得像蓄水池，其灵感来自老式洗衣房，6个水龙头整齐匀称地排列着，水由此循环流出，在任何角落都能听到水流声自然流畅的旋律。

在这件作品中，空间、颜色及混凝土这种单一材料的质感相互交融，相互补充，创造出具有丰富细节变化的意境，光线的直接参与更增添了几许内容和明暗关系。实际上，具有说服力的色彩在此具有双重功效：缓和了这个地方的冷清感，并降低房间的视觉高度，营造出一个避暑的好去

处。地面是一种温暖的陶土色，色彩强烈在纯粹的对比中显得十分突出。

为了起到装饰作用，所有的家具陈设及装饰元素都是精心挑选的，有独特的艺术气息，可与雕塑相媲美。水池四周精心布置着一组小型青铜铸像；一幅油画巧妙地置于水池一端；二楼放置了一把古老的泳椅；即使是唯一的植物——蕨草——在色彩的烘托下也显得十分醒目。最后，一只精巧的象征和平的鸽子为这美丽的组合锦上添花，表达出房间的特点。

色彩的个性

位置：墨西哥，哈利斯科州
水面面积：120ft²（11.15m²）

水池位于半封闭的天井中，一扇磨砂玻璃门将水域从房间明亮的内部空间分隔开来，入口处有强烈的色彩对比以及不落俗套的平衡感。

水池呈现浓烈的靛蓝色，由混凝土浇筑而成，粉刷成陶土色的地面也采用了同样的材质，具有易于维护而且防水的优点，这对于这个半露天的院落相当重要。

6个纤细的水龙头整齐匀称排列，水由此循环流出，像6条温驯而又明亮多彩的小瀑布，房间的各个角落都能听到流水声。

从一个陡峭的小海湾望去，这个水池的特殊位置将美丽风景尽收眼底，水池似乎无限伸展，它的外形呈不规则的楔形，边沿有柔和独特的曲线。水池止步于悬崖边，池底分成三个层次。在最尖锐的转弯处，第一个层次是一级踏步，便于人们进入水池。第二个层次位于水池边缘，形成一条用于放松的水下长椅，最深的一部分是第三个层次。

水池内部以及周围区域都采用了石灰水泥这种单一的材质，带有典型的地中海肌理和色调。具有同样的地中海风格的还有松树，它们是这个光彩眩目、令人眼缭乱的世界中唯一的绿色。

设计中没有装饰线条，但有圆润的边界。水池不仅用来游泳，更具有审美和休闲的功能。当人们舒适地泡在水中时，往往不会忘记对这美丽的景色大加赞叹。

随着光线的改变，这片美丽动人的风景不断变化。一天中的任何时刻，水池都是观察品味微妙的光线变化的独一无二有利位置，这是它独有的优势。

有利位置

位置：希腊，桑托林岛
水面面积：130ft^2（12.08m^2）

水池独特的地势使其成为
欣赏日落的最佳位置。

松树的绿色是这个被白色和蓝色统治的世界中的醒目颜色。

从水池的三个层次都可以欣赏到广阔的大海和无边的风景。

小山高处有一个古老的采石场，石壁下隐藏着一个独特的水波四溢的水池。为了与建筑构造和自然环境更好地结合，石壁上的天然凹陷处得到利用，产生了引人入胜的效果：一面怪石嶙峋的石壁，一边被人造瀑布冲刷浸蚀，另一边覆盖着浓密的绿色植被，使参差不齐的石头变得柔和。

池水平整如镜，类似于小而深的阿尔卑斯山东部的天然岩石池塘，那里的水即使在炎热的夏天也会结冰。石壁基本保存完好，即使是被水淹没的部分，也保持着匀称的结构和清晰的纹理。石壁和池水主入口处交汇。

两个宽阔的休息平台平整而有层感，上面铺满了烧制的黏土石板砖，其红的色彩增加了温暖感，同时突出了与色岩石的对比。自然材质的简洁朴素，化了乡村情调。平台上放置着精致的铁太阳椅，铺着优雅的装饰坐垫，使天然板材质变得柔和。

在采石场的中心

位置：西班牙，巴塞罗纳
水面面积：215ft^2（19.97m^2）

120

图中所示为水池和底层平台的美丽景色。虽然古老的采石场如今已变成了奢华的花园，从茂密的植被中仍然可以依稀看到采石场昔日的模样。

池水平整如镜，类似于小而深的天然岩石池塘，那里的水即使在炎热的夏天也会结冰。

石壁基本保存完好，即使是被水淹没的部分，也保持着匀称的结构和清晰的纹理。石壁和水池在主入口处交汇。

这个平静的水池依靠着热带林木制成的甲板，甲板与房屋背面相连。水池设计风格独特，外形简练，与覆盖花园的厚实草坪处在同一层面，这一空间的设计思路基于三种色彩对比强烈的颜色：有机的绿色，深蓝色和蜜褐色。

水池由地中海蓝色的马赛克构成，边缘内部使用了与甲板相同的木材，水池有一个入口，在视觉上区别于其他部分，用以打破池子的矩形轮廓。热带木材制成的甲板围护着池水并覆盖了整个户外休闲区，给人以充满活力的视觉效果和温暖光

滑的触感。

为了统一材质和肌理，房屋的隔墙也采用了同样的热带木材，这种木材还用于甲板和户外休闲区的极少主义风格天棚。这个安全的私人空间布置着典雅的沙发和铁制桌子，以及具有乡村风格的热带木材制成的太阳椅。

一扇室内凸窗位于房屋角落处，一组轻巧的钢架将休闲区各部分连接起来，并使其与房屋正立面分隔开。

禅的意韵

位置：西班牙，巴塞罗纳
水面面积：270ft^2（25.08m^2）

图中所示为水池与户外休闲区的全景。休闲区由一个极少主义风格的天棚遮护着。热带木材赋予整个环境活力动感，并将水池和休闲区置于同一个平面上。

这个设计中，水池没有明显的饰边，这样做有利于使池岸与休闲区的热带木甲板构成视觉上的统一。从这个角度可以看到水池边缘内侧的处理手法。

用零陵香豆木制成的甲板非常迷人，环绕在漂亮的梯形水池周围。水池紧挨着主体建筑——一栋乡村住宅，由于使用了统一的热带甲板木，使得这片区域在方案设计与视觉上与相邻的建筑物紧密结合，并呈现出深褐色。

乡村住宅的修复、池子的建造以及水池附属建筑的开发，在5年间陆续完成。为了达到精确的效果，整个水域在最后阶段才加以规划；当时主人已经买下了隔壁的庄园——现在，这里包括一个完备的休闲区，其中有芬兰桑拿浴室、土耳其浴池和令人印象深刻的拱门下的更衣室。该拱门高耸直达这栋古老建筑的顶棚。"极可意"（jacuzzi）浴缸的位置经过精心设计，

从浴缸向外望去可以看到安普尔（Ampurdan）的景色，并完善了这个匀均衡但空间过大的房间。房间内的设计格十分简练，融合协调了各种不同的肌理石材、磨砂玻璃及热带木材。

室外一面各段高矮不一的围墙经过复，攀爬覆盖有鲜艳多彩的植被绿毯。墙隔离并保护着这一区域，营造出一个密惬意的环境。此外，色彩与纹理结合美，包括绿色的植被、浅赭石色的石头及色彩浓重的零陵香豆树制成的木甲对比自然，和谐统一。自然景致和建筑完美的结合构建了一个极佳的整体。

对比的运用

位置：西班牙，赫罗纳市
水面面积：$484ft^2$（$44.96m^2$）

一面各段高矮不一的围墙，攀爬覆盖有鲜艳浓密的植被，营造了一个私密惬意的空间。

选用零陵香豆木铺设水域地面，色彩浓郁，美化了整个景区的色调对比。

从"极可意"浴缸向外望去可以看到安普尔丹的景色。

拱门的造型令人印象深刻，它高高耸立直达建筑的顶棚，下面有芬兰桑拿浴室和土耳其浴池。

时光的流逝给这个复合式的景区留下了古老的色泽，泳池也给景区平添了一抹亮色。若干小池塘、花坛和四通八达的美丽小路吸引着人们的目光，它们让这个如万花筒般千变万化的植物世界变得和谐完美，水池反而成了配角。

几个被粉刷成白色的凉亭环绕在泳池周围，其外表面抹了一层石灰浆。这些小建筑给这个以泥土色调和浓郁植被为特色的地方增添了一抹亮色。柱子间有定制的长椅，为人们提供了一个围坐畅谈的阴凉去处。泳池内部也被刷成白色，材料的连贯性和整个环境的色调由此得以强化。

泳池四周的区域与环绕其外的低花园结合在一起。花园里有纸草，还苏铁——一种生长缓慢的日本品种。种树木交杂其间，包括古老的橄榄树，橄榄树匀称地挺立于泳池区域的入口处，整个景区的植物都经过人工修饰，人的审美观直接影响了树木的修剪和塑形。

一个果园位于绿茵如毯的草地里，处于较高的水平面上，并由一堵隔墙花园分隔开来。形色各异的花园、连的水面和幽静蜿蜒的小路，其设计灵皆来自曲折回转的果园和花园。

时间的光泽

位置：西班牙，伊维萨岛
水面面积：516ft^2（47.94m^2）

一排葡萄架位于池边，通向果园，并由一堵矮墙隔开。后面是一间翻修过的小石房，石房顶部抹了一层石灰砂浆，里面放置着修剪花园的工具。

连绵的水面和幽静蜿蜒的小路，其设计灵感皆来自曲折回转的果园和花园。

这个花园中有两种植物非常引人注目：纸草和苏铁。前者生长在水池里，后者生长缓慢。

亭子的柱子之间有定制的长椅，人们在此可享受阴凉。柱子仿佛为泳池装上了画框，形成一幅美丽的画面。

住宅的主人仍然在使用这口井。

一眼方形的涌泉成为视觉中心。花园的布置和小路都由此起始。小路通向泳池和亭子。

这个泳池是根据法国普罗旺斯地区经典的房屋样式进行设计的，有着两个迥然不同的外部空间。泳池位于房子的后面，正面对着房子的主要空间，便于出入。这个值得玩味的泳池设计精良，结构清晰，起始于从房屋正面延绵而出的各种树篱。

泳池设计经典，娴静随意，这难以形容的优雅只有漫长的时光印迹和老练的园丁之手才能做到。泳池以匀称的天然石材装饰，具有乡村情调。池子里面铺有蓝色的马赛克。这片休闲区的地面由大块亚光石板和烧制过的黏土砖铺设而成，呈现出温暖的视觉效果，并确保地面终年都便于清理。

布置考究的法国式水景形成了泳池人的特色。水池被设计成房屋自然的延续，花园内各种植物搭配合理，匀称精致。矮不一的黄杨树篱从视觉上将各个景区隔开来。吊床是景区内唯一的不规则元素，吊在两个精致优雅、风格特异的实木结构之间。这两个实木结构还支撑着一片厚的攀爬的蔷薇灌木丛，使之成为景区的个视觉焦点。

在景区内有一个古老的石砌小水塔，位于房屋对面，用于收集雨水。这个美的水塔体现出这个庄园的特色和风格。

经典的特色

位置：**法国，莱博德普罗旺斯**
水面面积：**344ft^2（31.96m^2）**

从房屋的主要房间出来，穿过这片精心修剪的花坛，可直接到达泳池。这些花坛排列成了一条平行于后墙的小路。

在主要入口处的对面是一个美丽而古老的石砌喷水池，紧挨着一个用于收集雨水的水塔。

这个壮观的设计是从一些残败的遗迹派生而成的，现在它们已经在形式上与水池结合起来。对古老的建筑体系进行的修缮和重新诠释衍生自当地的传统建筑方式——以土壤材料和土坯加工为基础，形成了土砖建筑，土砖由混有稻草的泥土制作，并在阳光下晒干而成。

土砖被用于建造房屋和城市差不多有1万年的历史了，这种材料有着十分顽强的生命力，因为它贴近自然，绝热绝缘，具有使建筑冬暖夏凉的特性。然而，对泥土建筑进行修缮不仅仅出于对传统的兴趣，还表达了现代社会对生态的关注。

昔日的价值

位置：摩洛哥，马拉喀什
水面面积：485ft^2（45.06m^2）

这个水池位于摩洛哥的"天堂"——马拉喀什棕榈树林中，一组古遗迹群经改造，使人联想起破土而出的雕塑，与池和整个环境完美结合。

围墙是用土坯砖修复而成，然后经工改造成悬空的土坯，最后涂上植物油以防护。

一个风格严谨的亭子统领着整个池，其浓郁的赭石色调在色彩上与整境十分协调。赭石色是泥土的颜色，隔的覆盖物也是这种颜色。

水池的宽阔视角，洋溢着一种独特的流光溢彩的风采。水池建在一系列不连贯的平面上，位于一组古遗迹群中央，建筑师查尔斯·博卡拉 (Charles Boccara)改造了这个水池，并使其融入于整个方案。

图中所示为池子入口底部的精妙装饰的细部。围墙外表面覆盖着手工制作的土坯，并涂以植物油用以防护。

一个风格严谨的亭子统领着整个水池，其颜色是泥土的颜色——浓郁的赭石色调在色彩上与整个环境十分协调。

从右页的图片可以看到手工
制作的土坯的独特肌理，产
生了一种附加的效果。

暂且不论其清晰而匀称的外形，这个马略卡岛上的工程在设计上延续了东方建筑的标准，建立在不连贯的断开线条上，并缺乏单一焦点。

了来自外部的强光，让人感觉安全舒适，乐在其中。

在这座公共浴室对面，另一座建筑也值得关注：这是一个纯粹阿拉伯风格的宽大的基督教式或是传统柏柏尔人的帐篷，结实的柱子支撑着。它所在的平面同样与水面齐平。帐篷的出现，平添了一种新的元素——风吹帐篷布发出的枯燥单调的声响。

这个独特的方案融合了奇异动人的形状和不同寻常的材质，在这里，空间和建筑艺术韵律获得一种多元的效果，建立在最微妙的情感和感觉之上。

庄重高大的棕榈树立于泳池一侧，池岸雅致精巧，延伸到水中。一个有穹窿形圆顶的正方形小建筑位于泳池的右侧，和平静的水面位于同一个平面上。穹顶建筑的色彩在整个设计中非常突出、抢眼。它的前面是一条简练的直线式门廊。这个穹顶建筑是一个令人惊奇的公共浴室，它的内部呈八角形，遵循着阿拉伯人的象征几何的方针。两种颜色——略带紫色的蓝色和柔和的赭石色，占据了整个房间，滤去

游牧的感觉

位置：西班牙，马略卡岛
水面面积：483ft^2（44.87m^2）

158

尽管外形是正方形的，
这个令人惊奇的公共
浴室的内部设计仍然
遵循着阿拉伯人的象
征几何的方针，其内
部呈八角形。水是生
命和财富之源，也是
这个独特的具有东方
建筑风格的设计方案
的一大特色。

这个帐篷外形比例协调，由结实的柱子支撑着，滨水而坐。帐篷的出现带来了一种新的元素：风吹帐篷的声音。

图中所示为门廊和房屋正面的景色，藏于其后的是一座壮丽并呈现柔和赭石色的公共浴室。

图中所示为水中台阶的细部。这些宽阔的台阶有着轻微的倾斜度，且低于池子边沿，外形美观，让人感受到一种有节制的优雅。池子外轮廓的颜色选用合理，与公共浴室外墙的赭石色十分协调。

这个公共浴室布置精细，但也遵循着传统的样式。一系列连贯而匀称的拱门界定出各个不同的空间，所有的拱门的色调统一于一种柔和的赭石色，用于地面和踢脚板的是同一种材料——大理石。角落和孔状结构划分出座位区，人们可以在那里自由亲切地交谈。

大理石踢脚板被罩上了由气窗和天窗及各个房间的窗户间接射进来的光线，一条三色陶瓷铺贴的风格独特的几何边框打破了色调的单一。公共浴池呈正方形，冰冷的水中有几个台阶。在这个公共浴室的各个房间里，摆放着一些木制的和青铜的容器，容器里盛着的冷水可以让人消除疲劳。这些容器是唯一没有镶入墙体的物品，因为其中的水需要定期更换。

最后，作为惯例，在公共浴室旁置了一个休息室。在这里人们可以品味美味的薄荷茶和享受到片刻的宁静，还欣赏到一个封闭式花园的美景。在这个房间内，顶棚由事先用天然颜料上色的月桂木铺成，运用了古老的撒哈拉人祖先的技艺，地板则采用了传统的摩洛哥装饰图案及颜色。

感觉的空间

位置：摩洛哥，Douar Abiat
水面面积：100ft² (9.29m²)

一系列连贯而匀称的拱门界定出各个不同的空间，粉刷成柔和的赭石色。

一系列壁龛营造出一个可以让人坐在那里随意而亲切交谈的环境。

左上图：这是一个封闭式的美丽花园，与休息室相连。休息室紧邻公共浴室。
左下图：这是一扇华丽的木门，布满门钉，边框雕饰精美。这个木门已有上百年的历史。

毗邻公共浴室的休息室，供人们休闲放松。顶棚由月桂木铺成，并运用了古老的撒哈拉人祖先的工艺。

　　茂密的攀缘植物掩蔽着一扇百年老木门，通过木门可进入一个简洁的公共浴室。这里所用的材料引人注目：石头、木材、夹杂着金色小瓷砖的深蓝色马赛克，它们的组合营造出一个令人着迷的空间。

　　一座许多年前马略卡岛上农民用于储存农具的建筑，现在被改造成一个水池。房间内类似长凳手巾架这样的昔日陈迹已经与空间融合在一起。但这个方案最引人入胜的部分是古老的石砌结构与多彩的地板之间的完美组合，这种强烈的对比让小型室内水池和中心水渠能够连接在一起，而无需改变地板整齐的表面。

　　设计的显著特色是位于两侧墙间的线形空间，是由中心水渠上溯而成，竖立在厚实的石墙上，与水渠形成视觉上的连续感，营造出一种两堵墙相互吸引的感觉，这种感觉也来自光线在两个墙面的双重反射，一部分为自然光反射，另一部分为人造光源和水底反射。

　　墙厚超过3ft(1m)，支撑着整个拱顶，浓浓的水雾形成的水珠自拱顶滴落。两具有乡村风格的长凳和一个简单的木制架挂使得简洁的环境布置趋于完善，轻松自然。对水和水蒸气的膜拜是这个公共浴室的精华所在。

东方精髓

位置：西班牙，马略卡岛
水面面积：64ft^2(5.95m^2)

一条小水渠在中间将房间一分为二，在与其相垂直的墙面上留下两道竖直的线条，使它们在视觉上达到了统一。

厚实的墙体维持着这个公共浴室的温度。水蒸气凝结于拱顶形成水珠，滴落在地板上。

一些以前的农用工具，
如今成为这个环境布置
中的装饰品。

上图：精美的青铜给水设备的细部。

下图：小水渠水中特别设置了一个光源，位于墙面上固定装置的下方。

这个古老的处所毗邻主体建筑，曾用以保存各种农具。两个具有乡村风格的长凳和各式木制品是从农具中挑选出来的，并重新修复加以利用。

水池设计师：

Eli Mouyal, 导言中的 ˝水池˝

Wolf Siegfried Wagner, ˝天地间的明镜˝

Tomas Wegner, ˝来自往日的灵感˝

B&B W Estudio de arquitectura. Sergi Bastidas, Wolf Siegfried Wagner, ˝颜色对比˝

B&B W Estudio de arquitectura. Sergi Bastidas, Wolf Siegfried Wagner, ˝游牧的感觉˝

B&B W Estudio de arquitectura. Sergi Bastidas, Wolf Siegfried Wagner, ˝水的永恒循环˝.

Marco Emili, ˝绿松石的色彩˝

Ramon Esteve, architect，建筑师，˝神奇的布置˝

Juan de los Ríos, architect，建筑师，˝石间溪流˝

Erwin Bechtold, ˝私密空间˝

Christopher Travena, ˝乡村情调˝

Rolf Blackstad, 建筑师，˝时间的光泽˝

Françoise Pialoux, ˝有利位置˝

Bruno, Alexandre & Dominique Lafourcade, ˝传统的灵感˝

Guillem Mas, 工程师，˝两个世界之间˝

Aranda, Pigem, Vilalta Arquitectes, ˝特征最小化˝

Tomas Wegner, ˝东方精髓˝

Bruno, Alexandre & Dominique Lafourcade, ˝经典的特色˝

Bruno Lafforgue, ˝石上留痕˝

Patrick Genard, 建筑师，˝对比的运用˝

Àngels G. Giró & Luis Vidal, ˝色彩的个性˝

Lluís Alonso and Sergi Balaguer Arquitectos Asociados (设计), XYZ Piscinas (规划), ˝禅的意韵˝

Charles Boccara, 建筑师，˝水的诠释˝

Guillermo Maluenda Colomer, 建筑师，˝在采石场的中心˝

Josep Armenter i Arimany, 技术建筑师和调度员；Charles Boccara, 建筑师，˝传统的灵感˝

Charles Boccara, 建筑师，˝棕榈树阴下˝

Charles Boccara, 建筑师，˝昔日的价值˝

Charles Boccara, 建筑师，˝感觉的空间˝

Víctor Espósito, 本页的，˝肌理与形式˝

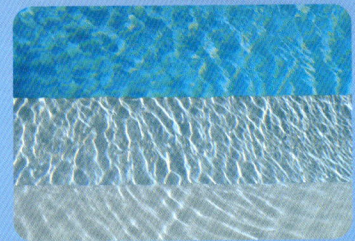

作者在此特别感谢那些私宅的主人敞开了房门，感谢建筑师的创作设计，感谢以下这些在编写过程中给予帮助和支持的人们：

Rafael Calparsoro, Xavier Farré, José Gandia, Nona von Haeften, Laure Jakobiack, Gabriel Vicens and Mamen Zotes, Jean Paul Lance & Jalal Alwidadi, Olivia Vidal & Mercedes Echevarria, Unicorn and Coconut Company (西班牙，马略卡岛), Gandia Blasco SA (西班牙，巴伦西亚), Hotel Les Terrasses (西班牙，伊维萨岛), Hotel Lindos Huéspedes (西班牙，帕尔斯), Mas de l'Ange (法国，Mollégés), Hotel Les Deux Tours (摩洛哥，马拉喀什).

还要感谢以下人员：

Antonia & Tomeu, Christian, Bern, Alexandra, Cecilia, Bernadette, Maria, Carmen & Manolo, Nuria, Olivier, Carlos, Danielle & Susan, Said, Aicha, Mohamed, Nassima, Chris, Clay & Annie, Nora, Stanislas.

向大师学习——建筑师评建筑师

Architects on Architects

16 开
240 页

平装
ISBN 7-80011-947-5

定价：98 元

[美] 苏珊·戈瑞 编著

本书旨在研究当今世界最伟大的建筑师们是如何对其他建筑师的人生及作品产生影响的，作者们讨论了自己的老师——一些世界最佳大作品的设计者——所取得的令人鼓舞的职业成就，深入挖掘了这些大师的设计哲学，告诉读者这些天才大师是怎样影响了自己的职业生涯、人生目标和生活道路的。

此外，通过本书，读者可以结识30位当代伟大的建筑师。

建筑大师处女作——谱系、人物与空间

First House

16 开
224 页

平装
ISBN 7-80198-178-2

定价：69 元

[美] 克里斯蒂安·比约内 编著

1937 年，两位现代主义建筑的先驱，布劳耶和格罗皮乌斯来到美国，并开始了他们在哈佛大学的执教，他们的思想直接影响了他们的学生，这些学生日后成长为他们那个时代最具影响力的美国建筑师。

本书展现了这些建筑师——巴恩斯、弗兰森、诺伊斯和鲁道夫等——早期的住宅设计，此外还收录了一些相关评论和访谈，以及许多鲜为人知的具有个人感情色彩的故事，为我们展现出了一批有血有肉的建筑师。

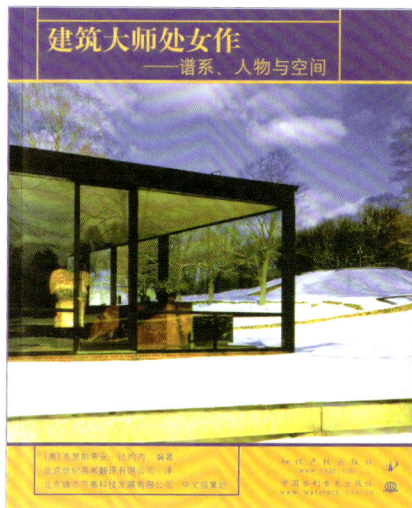

世界名宅
Small Houses

大 12 开
204 页

全彩 精装
ISBN 7-5084-2061-6

定价：156 元

[英] 尼古拉斯·鲍普尔 编著

　　本书精选了世界各地最新的27栋各具特色的单体小住宅，与已经推出的《乡村别墅》《依山别墅》形成了一个系列。

　　书中的小住宅反映了现代生活中的各种生活形式，在不同环境中，小住宅以不同的形式展示着户主的生活品位和生活趣味，这27栋个性鲜明的小住宅仿佛是撒落在世界各地的繁星，给与了我们现代生活的种种暗示。

Town House ——现代都市空间
The New American Town House

大 16 开
216 页

全彩 精装
ISBN 7-5084-2457-3

定价：150 元

[美] 亚历山大·高林 编著

　　Town House作为建筑上革新和精炼的一个标志出现在20世纪行将结束的时候。本书中作为特色例举的每一座建筑分布在各处场地上，代表了对这种建筑型制的无可辩驳的贡献。本书研究了最新建成的26座Town House均由著名的年轻建筑师精心设计，并论述了这种类型在这个复兴时期的新发展及前景展望。

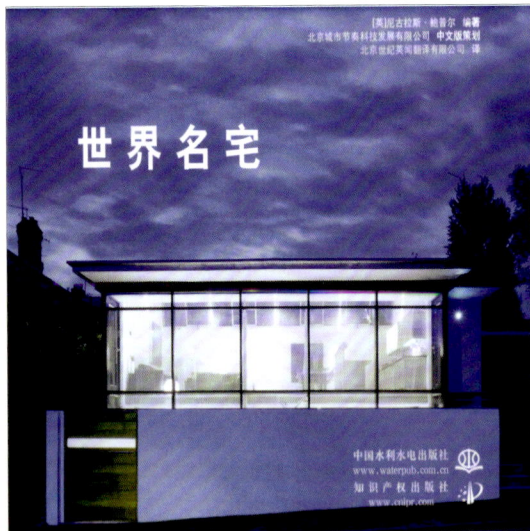

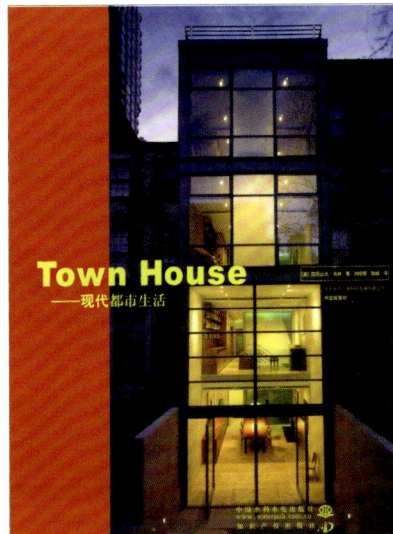

密度设计——住宅设计新趋势

Density by Design

[美] ULI 编著

12 开
128 页

全彩 平装

估价：68 元

2007 年 7 月出版

　　本书以14个在住区规划中获得成功的案例证明了这种具有创意的住区开发新思想。作者选择了远超住宅设计标准的复杂的开发实例，从独立式住宅到商业区高层公寓，表明了最新的设计理念：新都市主义，交通定位，混合收入和混合住宅类型，都市填空性开发和适应性使用。

　　本书的研究反映了项目开发中提供场所精神的趋势和准则，反映了不牺牲生活质量而合理利用土地，并获得政府批准和市场检测双重验证的成功经验。

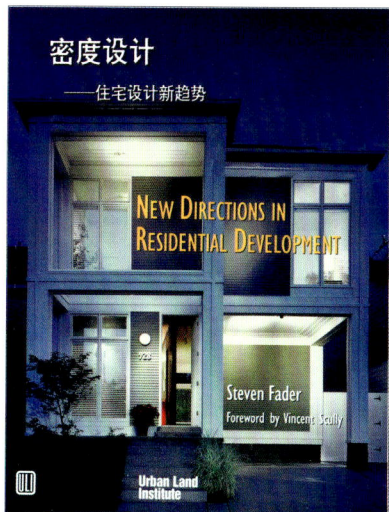

色彩设计丛书

Color in Series

　　在城市规划和建筑、室内以及环境设计中，色彩是一项重要的设计要素，甚至有的时候还决定着设计的成败。但是，色彩又是最难把握的设计要素之一，对于色彩我们更多的是感性的认识。

　　本丛书是一套研究色彩在建筑、城市和室内的设计方法与案例分析的图书，丛书从城市尺度研究到室内和细部，案例详实，多来自于成功设计师的实践，对城市规划师和建筑师的设计实践和研究具有重要参考价值。

本丛书已出版：

建筑色彩——建筑、室内和城市空间的设计
居住空间色彩——住宅色调与空间设计

本丛书近期出版：

城市色彩
三维空间色彩

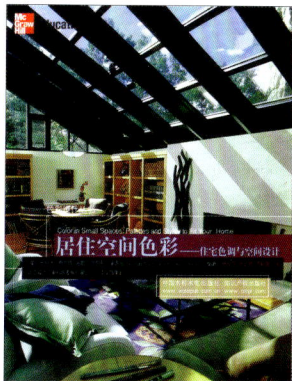

居住空间色彩
——住宅色调与空间设计

16 开
256 页

全彩 精装
ISBN 7-5084-3454-4

定价：138 元

内容提要

　　多年以来，池塘，作为建筑的组成部分，随着建筑的发展趋势不断演变，但直到20世纪中期，新材料和新技术的不断涌现才使人们真正摆脱束缚，可以自由地支配无尽的想象力，创作、筹划并塑造出了与他们切身相关的环境。本书收录的形式多样的此类设计作品，都体现出了对生态失衡与日俱增的关注，这也体现出对与池塘和谐结合为一体的自然空间的格外关注，这些设计作品与环境完美融合，成为了自然丰富美景的一部分。

　　本书中这些迷人的图片纵览了涉及各式花园野外风光的小池塘。就在不久以前，池塘还仅仅是有钱人的专利，而现在，富有想象力的建筑师和景观设计师已经创造了越来越多华丽而实惠的池塘，这些小池塘充满灵感，展示出国际化水准。本书过洋溢着感染力的画面、设计草图以及叙述文字对这些设计方案进行了深入的探讨。

　　本书可供建筑师、室内设计师及建筑专业师生参考。

作者简介

　　佩雷·普拉内利斯（Pere Planells）是一名摄影师，专门从事建筑、装饰和旅游摄影。他的作品有《引人入胜的水池》（Spectacular Pools）和《地中海生活样式》（Mediterranean Lifestyle），两者皆由"Loft Publications"出版发行。他的作品已经在《纽约时报杂志》（The New York Times Magazine）、"Côte-Sud"、"Elle-Deco"、"La Casa de Marie-Claire"、"Geo"和"El País Semanal"发表。

　　范妮·塔加维（1962年，法国，里尔）是一名新闻工作者，主要报道装饰和时事新闻。作为自由作家和编辑，她和一些重要的国际期刊有过多次合作。她通常负责"Mango Magazine"的装饰部分，她的作品在"You"和"Espais Mediterrani"定期发表。塔加维生活在西班牙巴塞罗那，并在那里工作。

原书参编人员

出 版 人：Paco Asensio

文　　字：Fanny Tagavi

摄　　影：Pere Planells

艺术总监：Mireia Casanovas Soley

图片设计：Emma Termes Parera

翻　　译：Wendy Griswold

校　　对：Julie King